essentials

essentials liefern aktuelles Wissen in konzentrierter Form. Die Essenz dessen, worauf es als „State-of-the-Art" in der gegenwärtigen Fachdiskussion oder in der Praxis ankommt. essentials informieren schnell, unkompliziert und verständlich

- als Einführung in ein aktuelles Thema aus Ihrem Fachgebiet
- als Einstieg in ein für Sie noch unbekanntes Themenfeld
- als Einblick, um zum Thema mitreden zu können

Die Bücher in elektronischer und gedruckter Form bringen das Expertenwissen von Springer-Fachautoren kompakt zur Darstellung. Sie sind besonders für die Nutzung als eBook auf Tablet-PCs, eBook-Readern und Smartphones geeignet. essentials: Wissensbausteine aus den Wirtschafts, Sozial- und Geisteswissenschaften, aus Technik und Naturwissenschaften sowie aus Medizin, Psychologie und Gesundheitsberufen. Von renommierten Autoren aller Springer-Verlagsmarken.

Ulrike Meyer · Anne Wienigk

Baubegleitender Bodenschutz auf Baustellen

Schnelleinstieg für Architekten und Bauingenieure

Ulrike Meyer
Umweltkonzept Dr. Meyer
Berlin
Deutschland

Anne Wienigk
Umweltkonzept Dr. Meyer
Berlin
Deutschland

ISSN 2197-6708   ISSN 2197-6716 (electronic)
essentials
ISBN 978-3-658-13289-7   ISBN 978-3-658-13290-3 (eBook)
DOI 10.1007/978-3-658-13290-3

Die Deutsche Nationalbibliothek verzeichnet diese Publikation in der Deutschen Nationalbibliografie; detaillierte bibliografische Daten sind im Internet über http://dnb.d-nb.de abrufbar.

Springer Vieweg
© Springer Fachmedien Wiesbaden 2016

Gedruckt auf säurefreiem und chlorfrei gebleichtem Papier

Springer Vieweg ist Teil von Springer Nature
Die eingetragene Gesellschaft ist Springer Fachmedien Wiesbaden

Was Sie in diesem Essential finden können

- Einen verständlichen Einblick in den baubegleitenden Bodenschutz – für Architekten und Bauingenieure
- Eine Zusammenstellung der Eigenarten von Böden und Gründe für Bodenschäden
- Maßnahmen zur Vermeidung und Verminderung von Bodenschäden durch Bodenkundliche Baubegleitung
- Praktische Tipps um Bodenschutz auf Baustellen leicht zu machen

Vorwort

Die Vereinten Nationen riefen 2015 zum „Jahr des Bodens" aus. Der Boden ist durch intensives Wirtschaften des Menschen zu einem knappen und bedrohten Gut geworden. Weltweit kommt es, insbesondere durch den zunehmenden Bedarf an Nahrungsmitteln und Energieträgern, zu einem steigenden Nutzungsdruck, dem gegenüber gleichzeitig eine sinkende Nutzbarkeit durch Degradation oder Versieglung des Bodens steht.

Allein durch Erosion, als Hauptursache der Degradation, werden jedes Jahr weltweit zehn Millionen Hektar Böden, also jene obere, von Wasser, Luft, organischen und mineralischen Substanzen sowie Kleinstlebewesen bedeckte und oft von Pflanzen bewachsene Schicht Erde, abgetragen. Weiterhin werden allein in Deutschland jeden Tag 77 ha Boden versiegelt, was einer Fläche von 100 Fußballfeldern entspricht.

2015 wurde zum „Jahr des Bodens" erhoben, um die Dringlichkeit des Themas weltweit auf die Tagesordnung zu bringen, Maßnahmen für eine nachhaltige Landwirtschaft umzusetzen und entsprechende Investitionen anzuregen. Bis 2020 soll unter anderem der Verbrauch in Deutschland auf 30 ha am Tag begrenzt werden, so sieht es die nationale Nachhaltigkeitsstrategie vor, ebenso wie eine nicht strapazierende Landwirtschaft sowie Klima- und Ressourcenschonung.

Boden ist wenig beachtet und dennoch eines der höchsten Güter der Erde. Er erfüllt viele Funktionen: unter anderem dient er der Lebensmittelproduktion, ist Rohstofflieferant, filtert das Regenwasser und schafft so lebensnotwendiges neues, sauberes Trinkwasser.

Der schonende Umgang mit Boden ist dringend erforderlich. Auch auf Baustellen.

Dr. Ulrike Meyer
Anne Wienigk

Inhaltsverzeichnis

Abkürzungsverzeichnis

BBB	Bodenkundliche Baubegleitung
BBodSchG	Bundesbodenschutzgesetz
BBodSchV	Bundesbodenschutzverordnung
LAGA	Bund/Länder-Arbeitsgemeinschaft Abfall

Einführung 1

Im Rahmen von Bauvorhaben wird Boden in großem Maße beansprucht: er wird befahren, umgelagert, aufgeschichtet, vermischt, rückverdichtet und erfährt dadurch zum Teil irreversible Bodenschäden.

Nach Baumaßnahmen, wie z. B. die Errichtung von Gewerbe- und Industriebetrieben, Wohnanlagen oder Einfamilienhäusern, sollen häufig die unversiegelten Grundstücksbereiche als Grünanlage, Rasen oder Garten genutzt werden. Ebenso soll der Boden nach Baumaßnahmen auf landwirtschaftlichen Flächen (z. B. Energieleitungstrassen) wieder zur Pflanzenproduktion nutzbar sein. Die Folgen eines fehlerhaften Umgangs mit Boden, wie Wuchsstörungen der Vegetation in Grünanlagen oder auf Ackerflächen sowie verminderte Infiltrationsleistung von Niederschlägen, bedeuten eingeschränkte Nachnutzungen verbunden mit kostenintensiven Rekultivierungsmaßnahmen.

Das Ziel des baubegleitenden Bodenschutzes ist es, durch geeignete Maßnahmen negative Beeinträchtigungen des Bodens zu vermeiden bzw. zu verhindern. Der baubegleitende Bodenschutz wird mit der bodenkundlichen Baubegleitung (BBB) umgesetzt.

Zur Erarbeitung einer Norm (DIN 19639) zum Inhalt und Ablauf des baubegleitenden Bodenschutzes wurde Ende 2014 ein DIN Arbeitskreis (NA 119-01-02-03-05 AK) im DIN Normenausschuss Wasserwesen eingerichtet.

In Deutschland ist der Schutz des Bodens seit 1998 im Bundesbodenschutzgesetz (BBodSchG) formuliert. Es enthält Bestimmungen zur Sicherung bzw. Wiederherstellung der Bodenfunktionen durch Gefahrenabwehr, Vorsorge und Sanierung. Daneben gibt es Bodenschutzgesetze der einzelnen Bundesländer, die das BBodSchG vervollständigen. In der Bauleitplanung beinhaltet das BauGB Bestimmungen zum flächenhaften Bodenschutz. So formuliert die sogenannte Bodenschutzklausel, dass „mit Grund und Boden sparsam und schonend umgegangen werden soll" und zur „Verringerung der zusätzlichen Flächeninanspruchnahme"

© Springer Fachmedien Wiesbaden 2016
U. Meyer, A. Wienigk, *Baubegleitender Bodenschutz auf Baustellen,* essentials,
DOI 10.1007/978-3-658-13290-3_1

Möglichkeiten der Innenraumentwicklung zu nutzen sowie „Bodenversiegelungen auf das notwendige Maß zu begrenzen" sind.

Im Zuge von Bauvorhaben, die auf gewachsenem Boden stattfinden, kann es großflächig zu Bodenschädigungen kommen, wobei der Boden oftmals über den eigentlichen Eingriff (Errichtung eines Bauwerkes) hinaus unnötig beansprucht und nachhaltig geschädigt wird. Die wichtigsten Bodenschäden auf Baustellen stellen Bodenverdichtungen und Bodenvermischungen sowie Einmischungen von Fremdmaterial dar. Meist sind diese nahezu irreversibel oder können nur durch kostenintensive und langwierige Rekultivierungsmaßnahmen repariert werden.

Mit dem Einsatz einer bodenkundlichen Baubegleitung kann der Überbeanspruchung des Bodens entgegengewirkt und somit Bodenschäden (hauptsächlich mechanische Bodenschäden) reduziert bzw. vermieden werden. In der Schweiz wird auf Baustellen schon seit etlichen Jahren eine bodenkundliche Baubegleitung (BBB) eingesetzt, die für Großbaustellen sogar gesetzlich vorgeschrieben ist. In Deutschland ist diese Thematik allerdings noch ein junges Fachgebiet, wird aber in einigen Bundesländern (z. B. Schleswig-Holstein, Niedersachsen, Nordrhein-Westfalen) bereits in Vorgaben der naturschutzfachlichen Genehmigungen bzw. im Planfeststellungsbeschluss insbesondere beim Bau von Energieleitungstrassen gefordert und in Leitfäden (Schleswig-Holstein, Niedersachsen) erläutert.

Die BBB, die sich von der Umweltbaubegleitung – früher ökologische Baubegleitung – infolge spezifischer Fachkenntnisse im Bereich Bodenschutz unterscheidet, soll Sorge dafür tragen, dass die natürlichen Bodeneigenschaften und damit die Nutzbarkeit der natürlichen Bodenfunktionen soweit wie möglich erhalten oder wiederhergestellt werden.

Der bodenkundliche Baubegleiter ist eine vom Bauherrn eingesetzte Person, die beratend mit den Planern sowie mit der Bauleitung zusammenarbeitet.

Durch den Einsatz einer BBB soll infolge frühzeitiger Einbindung bodenschonender Maßnahmen bereits bei der Planung, der Maschinenauswahl sowie Berücksichtigung des Wetters (Niederschläge und Temperatur) der Boden geschont und Bodenschäden soweit wie möglich vermieden werden.

Die BBB beinhaltet folgende Aufgaben:

- Frühzeitige Integration von bodenschonenden Maßnahmenvorschlägen in die Bauplanung
- Erarbeitung eines Bodenmanagementkonzepts, d. h. Ausarbeitung der bodenschonenden Maßnahmen für das gesamte konkrete Bauvorhaben
- Beweissicherung der Bodenqualität

- Begleitung der verschiedenen Bauakteure bei bodenkundlichen und bodenschutzrechtlichen Belangen während des gesamten Bauvorhabens
- Umsetzung der behördlichen Vorgaben zum Bodenschutz
- Kontrolle der bodenschonenden Maßnahmen während der Bauausführung
- Betreuung eventueller Rekultivierungsmaßnahmen

Wann ist baubegleitender Bodenschutz erforderlich?

2

Bodenschutzmaßnahmen sollten bei allen Baumaßnahmen zum Einsatz kommen, bei denen Boden in seinen natürlichen Funktionen erhalten werden soll.

Dies trifft beispielsweise für folgende Bauvorhaben zu:

- Infrastrukturbaumaßnahmen (Energieleitungstrassen, Straßen)
- Hoch- und Tiefbau
- Abgrabungen (Kiesgruben, Steinbrüche) und Rekultivierungen (Deponien)
- Meliorationen (Bodenauftrag, Drainage)
- Renaturierungen (Gewässer)
- Ausgleichs- und Ersatzmaßnahmen

Baubegleitender Bodenschutz ist überall dort erforderlich, wo die natürlichen Bodenfunktionen nach Abschluss der Baumaßnahme wieder genutzt werden sollen (Erläuterung siehe Abschn. 4.1).

Bei Bauvorhaben, die mit einer vollständig versiegelten Bodenoberfläche abschließen, können die Bodenfunktionen nicht oder nur in geringem Maße wiederhergestellt werden. Anders verhält es sich bei empfindlichen Nutzungen, wie Parkanlagen, Rasenflächen, Gartennutzung, Land- und Forstwirtschaft, bei denen der Boden weitmöglichst intakt bleiben soll, damit seine Bodenfunktionen annähernd unverändert genutzt werden können (Abb. 2.1).

© Springer Fachmedien Wiesbaden 2016
U. Meyer, A. Wienigk, *Baubegleitender Bodenschutz auf Baustellen*, essentials,
DOI 10.1007/978-3-658-13290-3_2

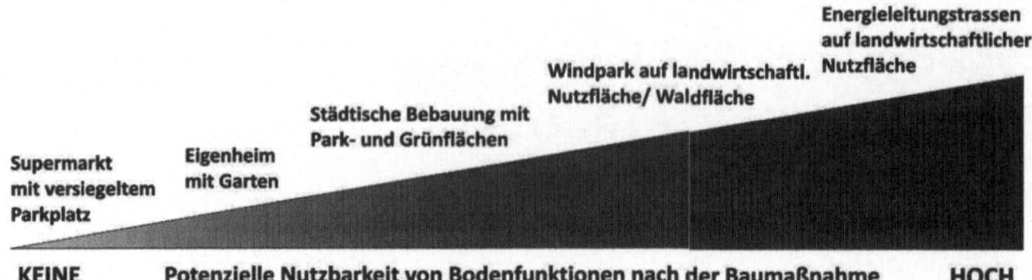

Abb. 2.1 Potenzielle Nutzbarkeit der Bodenfunktionen nach Abschluss der Baumaßnahmen

Die bodenkundliche Baubegleitung, ausgeführt durch eine bodenkundlich ausgebildete Fachkraft, ist in Deutschland (bisher) nicht gesetzlich vorgeschrieben, wird jedoch zunehmend in Genehmigungsauflagen bewilligungspflichtiger Bauvorhaben gefordert. Darüber hinaus ist ein bodenkundlicher Baubegleiter Ansprechpartner für diverse Bodenbelange auf einer Baustelle (Tab. 2.1).

Tab. 2.1 Checkliste zum Erfordernis eines Baubegleitenden Bodenschutzes

	Maßnahmen des baubegleitenden Bodenschutzes sind bei einem Bauvorhaben erforderlich, wenn *einer* der folgenden Punkte zutreffend ist
☑	Der Boden soll hinsichtlich seiner natürlichen Funktionen (gemäß BBodSchG) wiederhergestellt werden
☑	Das Bauvorhaben findet auf empfindlichen Böden (z. B. Moorböden, Marschböden) statt
☑	In den Genehmigungsauflagen der Umweltbehörden für das Bauvorhaben werden explizit Bodenschutzmaßnahmen gefordert
☑	Bei dem Bauvorhaben ist mit überwiegend nassen Bodenverhältnissen zu rechnen (viele Niederschläge bzw. hoher Grundwasserstand)
☑	Bei dem Bauvorhaben werden große Bodenvolumina ausgehoben, gelagert und wieder eingebaut bzw. verwertet und entsorgt
☑	Bei dem Bauvorhaben fällt großes Bodenvolumen an, das zur Herstellung einer durchwurzelbaren Schicht genutzt werden soll
☑	Aufwendige und kostenintensive Rekultivierungsmaßnahmen (mechanische Bodenlockerungen, Aussaat von tiefwurzelnden Pflanzen) sollen vermieden werden
☑	Es sind Pflanzenstandorte (z. B. Grünanlagen, Rasenflächen, Gärten) in der Umgebung oder im Bereich der Baustelle geplant

Beispiele für Bodenschäden auf Baustellen

3

Im Folgenden werden häufige Bautätigkeiten auf Baustellen aufgeführt und den dabei auftretenden typischen Bodenschäden gegenübergestellt.

Typische Bodenschäden entstehen vor allem durch die Befahrung mit schweren, ungeeigneten Fahrzeugen und Maschinen, insbesondere, wenn keine speziellen Baustraßen und Baustelleneinrichtungsflächen ausgewiesen wurden. Weiterhin entstehen Schäden im Zuge von Aushub, Lagerung und Verfüllung des Bodens. Besonders schädigend wirken dabei nasse Witterungsbedingungen (Tab. 3.1).

© Springer Fachmedien Wiesbaden 2016
U. Meyer, A. Wienigk, *Baubegleitender Bodenschutz auf Baustellen*, essentials,
DOI 10.1007/978-3-658-13290-3_3

Tab. 3.1 Mögliche Bodenschäden im Rahmen von Bautätigkeiten und Bauprozessen

Bauprozesse und Bautätigkeiten	Bodenschäden
Befahrungen	
Befahren des Bodens, z. B. Mit zu schwerem Gerät bzw. zu hohen Kontaktflächendrücken Bei zu nassem Boden Bei unausgeglichenen Fahrmanövern	Schadverdichtung und Gefügeschädigungen
„Kreuz- und Querfahren" auf der gesamten Baustellenfläche	Unnötige Beeinträchtigung des nicht direkt betroffenen Bodens
Baustelleneinrichtung	
Lagerflächen (z. B. Baumaterial, Maschinenpark) auf ungeschütztem Oberboden	Bodenkontaminationen und Schadverdichtung
Kraftstoffleckagen und unsachgemäßer Umgang mit Bauabfällen	Bodenkontamination (ggf. auch angrenzende Gewässer betroffen)
Ableitung von Drainagewasser auf der Baufläche	Vernässung der Baufläche, Gefährdung für Schadverdichtung
Bodenaushub	
Keine Trennung des Oberbodens vom Unterboden	Vermischungen von Ober- und Unterboden
Bodenumlagerungen/Erdarbeiten bei nassem bzw. sehr feuchtem Boden	Gefügeschädigungen
Zwischenlagerung von Bodenmaterial	
Lagerung verschiedener Haufwerke auf zu geringer Fläche	Vermischungen von Ober- und Unterboden
Lagerung von Unterbodenmaterial auf ungeschütztem Oberboden	Vermischungen von Ober- und Unterboden
Bodenhaufwerke sind Zu hoch Zu flach Zu lange Zeit ohne Begrünung	Vernässung des Bodenmaterials, Erstickung und Fäulnis
Nicht-Berücksichtigung von sulfatsauren Substraten	Extreme Bodenversauerung
Verfüllung	
Verfüllung, z. B. Bei zu nassem Wetter Unter Einsatz von Walzen	Gefügeschädigungen/Verdichtungen, ggf. Vermischungen von Ober- und Unterboden
Einbau der Bodenhorizonte in nicht natürlicher Abfolge	Bodenfunktion des Mutterbodens kann nicht erfüllt werden
Einbau von standortfremdem Bodenmaterial oder Bauabfällen/Bauschutt	Veränderung der Bodenstruktur und Stoffgehalte
Übermäßige Rückverdichtung mit Rüttelplatten, Walzen	Schadverdichtungen und Gefügeschädigungen

Bodenfunktionen und Bodenempfindlichkeiten

4

Sollen im Rahmen von Baumaßnahmen Böden schonend behandelt und Bodenschäden vermieden werden, sind Kenntnisse des bodenkundlichen Baubegleiters über Bodeneigenschaften, Bodenarten, Bodenfunktionen und Empfindlichkeiten von Böden erforderlich. Diese Begriffe werden zur Nachvollziehbarkeit in den folgenden Abschnitten erläutert.

4.1 Bodenhorizontierung und Bodenfunktionen

Typischerweise gliedert sich ein Boden in verschiedene Horizonte (Abb. 4.1), die unterschiedliche Eigenschaften besitzen und unterschiedliche Funktionen im Naturhaushalt übernehmen. So können Vermischungen des Bodenmaterials zu deutlichen Beeinträchtigungen der Bodenfunktionen führen und irreparable Bodenschäden verursachen.

In § 2 des Bundesbodenschutzgesetzes (BBodSchG) sind die natürlichen Bodenfunktionen aufgeführt, die in Abb. 4.1 den Horizonten zugeordnet sind. Beeinträchtigungen der Bodenfunktionen stellen schädliche Bodenveränderungen im Sinne des BBodSchG dar.

4.2 Eigenschaften hinsichtlich der Belastbarkeit verschiedener Böden

Bei der Befahrung und Bearbeitung des Bodens entscheiden hauptsächlich die mechanischen Eigenschaften, wie Bodenart oder Körnung, Bodenstruktur und aktuelle Bodenfeuchte, darüber wie belastbar ein Boden beispielsweise gegenüber dem Bodendruck durch Last und Manöver schwerer Fahrzeuge und Maschinen ist und

© Springer Fachmedien Wiesbaden 2016
U. Meyer, A. Wienigk, *Baubegleitender Bodenschutz auf Baustellen*, essentials,
DOI 10.1007/978-3-658-13290-3_4

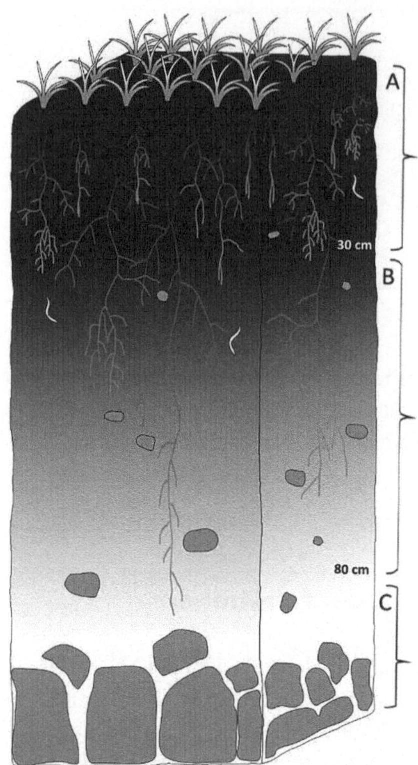

Abb. 4.1 Bodenhorizonte und deren Bodenfunktionen

ob schädigende Bodenverdichtungen sowie Gefügeveränderungen auftreten werden. Insbesondere aus diesen Kenngrößen kann ein bodenkundlicher Baubegleiter
die sogenannte Verdichtungsempfindlichkeit eines Bodens abschätzen.

Im Folgenden wird auf die dabei relevanten Eigenschaften eingegangen.

4.2.1 Bodenart und Bodenstruktur

Die Bodenart (Körnung) bezeichnet die Zusammensetzung eines Bodens hinsichtlich der Anteile der Korngrößen ‚Sand‘, ‚Schluff‘ und ‚Ton‘. Typische Be-
zeichnungen für Bodenarten sind z. B. schluffiger Sand, sandiger Lehm. Die
Hauptbodenarten Sand, Schluff und Ton besitzen aufgrund ihrer physikalischen
und chemischen Beschaffenheit unterschiedliche mechanische Eigenschaften. In

Tab. 4.1 Eigenschaften eines Sandbodens, Schluffbodens und Tonbodens

Hauptbodenart	Bodeneigenschaften	Eigenschaften bezüglich Feuchte
Sandboden (z. B. Böden in Schleswig Holstein/ Brandenburg)	• Sehr locker • Meist wenig strukturiert • Dadurch wenig stabil • Nährstoffarm	• Sehr durchlässig • Trocknet schnell aus • Wenig empfindlich gegenüber mechanischer Belastung
Schluffboden (z. B. Böden aus Löss in der Magdeburger Börde)	• Standfest unter trockenen Bedingungen • Oft gute Bodenstruktur vorhanden • Ertragreich	• Im feuchten/nassen Zustand empfindlich gegenüber mechanischer Belastung • Zusätzlich empfindlich gegenüber Abschwemmungen/Verwehungen (Bodenerosion)
Tonboden (z. B. in Flusslandschaften, Böden des Thüringer Beckens/der Schwäbischen Alb)	• Dicht gelagert • Hoher Nährstoffgehalt • Eingeschränkter Wasser- und Lufthaushalt • Schwer zu bearbeiten • Landwirtschaftliche Nutzung ist nur nach Herstellung einer Bodenstruktur möglich	• Im trockenen Zustand extrem hart und tragfähig • Quillt bei Wasserzugabe auf, schrumpft bei Trockenheit (Rissbildung) • Im feuchten Zustand plastisch verformbar, empfindlich gegenüber mechanischer Belastung • Im nassen Zustand klebrig und verformbar, extrem empfindlich gegenüber mechanischer Belastung • Neigt zur Wasserstauung

Tab. 4.1 werden die wichtigsten Merkmale der Böden mit einer Hauptbodenart in Stichwörtern erläutert.

Im Rahmen der Datenerhebung vor Ort bestimmt der bodenkundliche Baubegleiter die Bodenart durch eine sogenannte ‚Fingerprobe' und leitet daraus die mechanischen Eigenschaften ab. Zur Nachvollziehbarkeit einer ‚Fingerprobe' wird in Anhang 8.3 die Ermittlung der Hauptbodenarten beschrieben.

Die Bodenstruktur beschreibt die räumliche Anordnung der festen Bodenbestandteile in Aggregaten und die Verteilung von Hohlräumen. Sie kann nur in sehr langen Zeiträumen durch biologische (z. B. Wurzelwachstum, Aktivität von Regenwürmern), chemische (z. B. Verkittung durch Eisenoxide) und physikalische (z. B. Frost) Prozesse gebildet werden. Sie ist gegenüber Druck besonders empfindlich.

Bei tiefreichender, massiver Bodenverdichtung ist eine (tiefgründige) mechanische Lockerung ein technisch und finanziell sehr aufwendiges Verfahren und erzeugt lediglich ein instabiles Bodengefüge, welches gegenüber erneuten Spannungseinträgen empfindlich reagiert und erneute Bodenverdichtung begünstigt (LLUR 2014).

4.2.2 Bodenfeuchte

Die Bodenfeuchte bezeichnet den Wassergehalt im Boden und kann als Volumen- oder Massenanteil angegeben werden (Vol.-%, Gew.-%). Ein anderes Maß für die Bodenfeuchte und den Wassergehalt im Boden ist die Saugspannung, welche mit Tensiometern in Druckeinheiten (cbar, hPa, cm WS etc.) gemessen werden kann. Dabei ist die Saugspannung umso höher, je trockener der Boden ist. Auch über eine Bodenfeuchte-Bonitur kann der bodenkundliche Baubegleiter die Bodenfeuchte vor Ort abschätzen. In Anhang Tab. 8.2 wird eine Bodenfeuchte-Bonitur beschrieben.

Wie bereits erwähnt, ist bei Bauvorhaben die Bodenfeuchte relevant für die mechanischen Eigenschaften. In Tab. 4.1 sind in Spalte 3 die wichtigsten Eigenschaften eines Sand-, eines Schluff- und eines Tonbodens bezüglich der Bodenfeuchte aufgeführt. Generell nimmt mit zunehmender Feuchtigkeit die Stabilität (und damit Tragfähigkeit) des Bodens ab, da Reibungswiderstände durch Wasserfilme auf den Bodenpartikeln aufgehoben werden. Gleichzeitig steigt die Gefährdung des Bodens durch mechanische Einwirkungen verformt bzw. verdichtet zu werden (mechanische Verdichtungsempfindlichkeit).

4.3   Bodenchemische Eigenschaften

Für das Pflanzenwachstum ist der pH-Wert neben den Nährstoffen als wichtigster chemischer Parameter zu nennen. Er beeinflusst vor allem die Verfügbarkeit von Nährstoffen für Pflanzen, die Mobilität von toxischen Schwermetallen sowie den Humusabbau und das Bodengefüge.

Auf Baustellen kann vor allem durch eingebrachte Fremdmaterialien (Bauschutt, Bauabfälle) der pH-Wert des Bodens drastisch verändert, meist erhöht, und somit Pflanzen und das Wurzelwachstum nachhaltig geschädigt werden.

Auch kann es durch den Aushub von Boden aus seiner natürlichen Lagerung (z. B. unterhalb des Grundwasserspiegels) zu extremen bodenchemischen Veränderungen kommen. Als Beispiel sind hier die in den norddeutschen Küstengebieten vorkommenden sogenannten ‚Sulfatsauren Böden' zu nennen, die durch Beförderung an die Erdoberfläche zu extremer Versauerung neigen und nach einer Zwischenlagerung aufgrund der nachfolgenden toxischen Wirkung nicht mehr eingebaut werden dürfen. Diese Versauerungsreaktionen der sulfatsauren Böden stellen insbesondere bei den Energieleitungstrassen aus dem Norden in den Süden dann ein großes Problem dar, wenn sie vor Baubeginn nicht erkannt und rechtzeitig im Rahmen des baubegleitenden Bodenschutzes berücksichtigt werden.

Folgen von Bodenschäden 5

In diesem Abschnitt werden die Ursachen, Wirkungen und Folgen der wichtigsten Bodenschäden auf Baustellen beschrieben und erläutert.

a. Schadverdichtung

Von Schadverdichtung spricht man, wenn sich die Bodendichte (Abnahme des Porenvolumens) durch mechanische Einwirkungen soweit erhöht, dass es zu dauerhaften Beeinträchtigungen der natürlichen Bodenfunktionen (Regulationsfunktionen, Lebensraumfunktionen) kommt.

Landwirtschaftlich genutzte Böden weisen häufig in der Pflugtiefe (ca. 35–40 cm) einen verdichteten Bereich auf, die sogenannte Pflugsohle, die Pflanzenwurzeln im Wuchs behindern und Ertragsminderungen verursachen können.

Folgen von Schadverdichtung sind:
- Verringerte Infiltrationsleistung und Wasserleitfähigkeit
- Verringertes Wasserspeichervermögen (nutzbare Feldkapazität)
- Bodenerosion
- Staunässe
- Verschlechterte Luftversorgung für Pflanzenwurzeln
- Abnahme der biologischen Aktivität
- Beeinträchtigung des Wurzel- und Pflanzenwachstums (verminderte Ertragsfähigkeit)

b. Gefügeschädigungen

Zu Gefügeschädigungen zählen vor allem die Zerstörung von Bodenaggregaten und eine dadurch veränderte Kontinuität (Durchgängigkeit) von Bodenporen und Bodenhohlräumen.

© Springer Fachmedien Wiesbaden 2016
U. Meyer, A. Wienigk, *Baubegleitender Bodenschutz auf Baustellen*, essentials,
DOI 10.1007/978-3-658-13290-3_5

Konsequenzen von Gefügeschädigungen sind:
- Verringerte Bodenstabilität und größere Empfindlichkeit gegenüber Schadverdichtung
- Veränderter Transport von Wasser und Nährstoffen, Luft und Wärme durch den Boden
- Abnahme der Ertragsfähigkeit

c. Vermischung von Ober- und Unterboden

Beim Aushub von Boden ist auf die Trennung von fruchtbarem Oberboden (Mutterboden) und nährstoffärmerem Unterboden zu achten. Die verschiedenen Bodenarten dürfen im Zuge der Lagerung und des Wiedereinbaus nicht vermischt werden.

Auch ist die Vermischung von mehreren Unterbodenhorizonten, deren Bodenarten (Sand und Lehm) sich stark unterscheiden, zu verhindern. Dann ist es erforderlich, den Unterboden in mehrere Haufwerke zu trennen.

Vermischung von Ober- und Unterboden hat negative Folgen:
- Verringerung des Nährstoffgehalts im Oberboden
- Verringerung des Humusgehalts im Oberboden
- Vermindertes bis stark eingeschränktes Pflanzenwachstum

d. Vernässungen des Bodenmaterials

Vernässungen sind meist bei der offenen Lagerung von Bodenmaterial in Haufwerken zu finden, wenn diese zum einen zu hoch angelegt sind, sodass feuchter Boden im Inneren des Haufwerkskörpers schlecht abtrocknen kann. Zum anderen besteht die Gefahr der Vernässung, wenn das Niederschlagswasser vom Haufwerk nicht rasch abfließen kann und in den Haufwerkskörper einsickert. Fehlt die Begrünung, kommt es zu keinem Wasserverbrauch durch Pflanzen.

Vernässung im Haufwerk wirkt sich folgendermaßen aus:
- Sauerstoffmangel im Innersten des Haufwerks
- Fäulnisvorgänge (besonders im Oberbodenhaufwerk)
- Bodenmaterial wird für den Wiedereinbau unbrauchbar

e. Oxidation von Eisen-Sulfat-Verbindungen (in ‚Sulfatsauren Böden')
Bei Vorliegen von Eisen-Sulfat-Verbindungen in einem wassergesättigten Boden
ist der Aushub des Materials ohne besondere Vorsichtsmaßnahmen nicht möglich.

Eisen-Sulfat-Verbindungen in Böden können extreme Wirkungen
verursachen:
- Starke Absenkung des pH-Werts
- Erhöhte Mobilität von Schwermetallen und Aluminium
- Schädigung von Pflanzen
- Wiedereinbau nur nach kurzer Lagerung möglich, oft ist die Entsorgung als Abfall erforderlich

f. Stoffliche Belastungen
Stoffliche Belastungen können durch Leckagen von Betriebsmitteln, den Eintrag
von Baustoffen und sonstigen Abfällen auf der Baustelle hervorgerufen werden.
Auch beim Auftrag von ortsfremdem Bodenmaterial bedarf es zuvor einer Einstu-
fung bzw. Eignungsprüfung nach den sogenannten Z-Werten der LAGA (LAGA
Boden 2004) oder nach BBodSchV, § 12.

Der Eintrag von Fremdstoffen kann sich wie folgt auswirken:
- Veränderung des pH-Werts
- Veränderung bodenchemischer Prozesse
- Pflanzenschädigungen durch toxische Wirkungen
- Beeinträchtigung der biologischen Aktivität
- Wiedereinbau meist nicht möglich, sondern Entsorgung als Abfall erforderlich

Baufahrzeuge und ihre mechanische Belastung auf den Boden

6

Wird im Rahmen von Bauvorhaben gewachsener, unversiegelter Boden mit Baufahrzeugen und -maschinen befahren, kommt es zu folgenden Kraftauswirkungen auf den Boden:

- Druckkräfte durch Auflast
- Scherkräfte durch Fortbewegung
- Rüttelkräfte durch Vibrationen

Diesen Kräften steht eine am Standort immer vorhandene Tragfähigkeit (im Sinne der in Abschn. 4.2 angesprochenen mechanischen Verdichtungsempfindlichkeit) des Bodens gegenüber. Wird die Tragfähigkeit überschritten, kann es zu plastischen Bodendeformationen bis weit (ca. 100 cm) in den Unterboden kommen. Wenn bei Befahrung deutliche Fahrspuren im Boden entstehen, so ist davon auszugehen, dass auch eine Verdichtung und Gefügeänderung in größerer Tiefe stattfindet. Die Befahrung bei nasser Witterung ist hierbei besonders kritisch.

Kennwert für die ausgeübte Auflast von Baumaschinen ist der sogenannte Kontaktflächendruck oder Bodendruck in kPa.

$$Kontaktflächendruck[kPa] = \frac{Radlast}{Kontaktfläche\ Boden}$$

Dieser ergibt sich aus der Radlast pro Kontaktfläche zum Boden. Je größer die Aufstandsfläche, desto besser wird die Last verteilt und desto niedriger ist der Kontaktflächendruck. Aus diesem Grund sind in jedem Fall Raupenfahrzeuge Radfahrzeugen vorzuziehen. So kann dabei auch ein Durchdrehen von Rädern vermieden werden.

© Springer Fachmedien Wiesbaden 2016

U. Meyer, A. Wienigk, *Baubegleitender Bodenschutz auf Baustellen*, essentials,

DOI 10.1007/978-3-658-13290-3_6

19

Der bodenkundliche Baubegleiter ermittelt vor Baubeginn unter Einbeziehung der am Standort vorherrschenden Bodeneigenschaften das Verdichtungspotenzial des Bodens und empfiehlt für alle im Bauvorhaben eingesetzten Maschinen und Fahrzeuge maximal zulässige Kontaktflächendrücke. Dabei findet auch die Häufigkeit der Befahrung Berücksichtigung.

Generell ist die Auswahl von Maschinen mit niedrigem bis mittlerem Gewicht sowie niedrigen Kontaktflächendrücken als bodenschonend zu bezeichnen.

Bodenkundliche Baubegleitung

In der bodenkundlichen Baubegleitung (BBB) wird der baubegleitende Bodenschutz umgesetzt.

Baubegleitende Bodenschutzmaßnahmen sind dann erforderlich, wenn es im Zuge von Bauvorhaben zu einer großräumigen Beanspruchung des Bodens kommt und die natürlichen Bodenfunktionen nach Beendigung der Baumaßnahme wieder genutzt werden sollen (Abb. 2.1).

Die bodenschonenden Maßnahmen sind von einem bodenkundlichen Baubegleiter auszuarbeiten und vorzugeben sowie die Umsetzungen entsprechend zu kontrollieren. Nur so kann gewährleistet werden, dass der Standort als Pflanzenwuchsort – ohne Wachstumsbeschränkungen – wieder genutzt werden kann.

7.1   Was beinhaltet bodenkundliche Baubegleitung?

Die bodenkundliche Baubegleitung beinhaltet alle Maßnahmen in allen Bauabschnitten, die Bodenschäden vermeiden und bodenschonend wirken.

Maßnahmen der BBB in allen Bauabschnitten:

- Grundlagenermittlung:
  - Auswertung von Karten zum Boden und zur Geologie
  - Sichten und Auswerten vorliegender Projektdaten
- Erstellung eines vorläufigen Bodenmanagementkonzepts zur Integration der BBB in die Planung
- Datenerhebung und Beweissicherung (vor Baubeginn)
- Erstellung eines konkretisierten Bodenmanagementkonzepts für das Bauvorhaben mit Auswertung der Standortbedingungen (z. B. Bodeneigenschaften, Grundwasserflurabstand) und Einbeziehung der Bauprozesse, Bauzeiten und

© Springer Fachmedien Wiesbaden 2016
U. Meyer, A. Wienigk, *Baubegleitender Bodenschutz auf Baustellen,* essentials,
DOI 10.1007/978-3-658-13290-3_7

Baustelleneinrichtungen. Dieses Konzept beinhaltet für alle Phasen des Bauvorhabens die erforderlichen Maßnahmen der BBB, die in das Gesamtvorhaben integriert werden.

- Regelmäßige Baustellenbegehungen, bei denen die Umsetzung bodenschonender Maßnahmen im Rahmen der einzelnen Bautätigkeiten und in Abhängigkeit des aktuellen Bodenzustands kontrolliert werden
- Beratungen zum Bodenschutz vor Ort
- Teilnahme an bodenschutzrelevanten Baubesprechungen
- Behördenkontakt und Einhaltung der behördlichen Auflagen
- Erstellung eines Dokumentationsberichtes
- Vorschläge zur Rekultivierung und u. U. Begleitung der Rekultivierungsmaßnahmen

Der Arbeitskreis ‚Baubegleitender Bodenschutz' im DIN-Normenausschuss Wasserwesen erarbeitet eine Norm für die Inhalte und den Ablauf des baubegleitenden Bodenschutzes.

7.2 Integration der bodenkundlichen Baubegleitung in das Bauvorhaben

Eine gelungene Integration der BBB in das Bauvorhaben bestimmt maßgeblich den Erfolg und die Effizienz von Bodenschutzmaßnahmen während des Bauvorhabens.

Dabei ist vor allem die frühzeitige Einbindung eines bodenkundlichen Baubegleiters wichtig. Nur so können bei der Ausführungsplanung der Baumaßnahme bodenschonende Vorgehensweisen Berücksichtigung finden. Weiterhin ist es entscheidend, dass alle Akteure bei der Bauausführung über Bodenschutz aufgeklärt und einbezogen werden.

Eine Einbindung des bodenkundlichen Baubegleiters in die bodenschutzrelevanten Bauvorgänge sowie kontinuierliche Abstimmungen zwischen dem bodenkundlichen Baubegleiter und dem Bauherrn, der Bauleitung und den Bauausführenden sind weitere Punkte, die zur Qualität der Bodenschutzmaßnahmen beitragen.

In Tab. 7.1 sind für die jeweiligen Phasen der Baumaßnahme Hinweise zum Bodenschutz für den Bauherrn dargestellt.

Tab. 7.1 Integration der bodenkundlichen Baubegleitung in verschiedene Projektphasen eines Bauvorhabens

Projektphasen	Integration bodenschonender Maßnahmen ins BV
<u>Genehmigungsplanung</u>	Belange des Bodenschutzes sind frühzeitig zu berücksichtigen.
■ Planfeststellungsbeschluss ■ Naturschutzfachliche Genehmigung ■ Baugenehmigung u. Ä.	Bodenschutzrelevante Auflagen werden insbesondere bei Großprojekten von der Genehmigungsbehörde vorgegeben.

<u>Ausführungsplanung</u>	Einbindung einer **Bodenkundlichen Baubegleitung**:
	■ Erstellung der Datengrundlage über die standortspezifischen Bodeneigenschaften und Bodenempfindlichkeiten
	■ Beweissicherung
	■ Bewertung der Bauprozesse hinsichtlich der Anforderungen des Bodenschutzes
	■ Erstellung eines vorläufigen Bodenmanagementkonzepts (zur Abstimmung mit Bauplanern) mit Angaben zu:
	  - Maschinentypen
	  - Einrichtung von Baustraßen, Einsatz von Lastverteilungsplatten u. mineralischen Schüttungen
	  - Bodenschonende Arbeitstechniken, insbesondere für Schlechtwetterbedingungen
	  - Bodenabtrag, Bodenzwischenlagerung und Bodenauftrag
	  - Volumina von anfallendem Bodenaushub

■ Ausschreibung der Tiefbaumaßnahme	In den Leistungsverzeichnissen der Ausschreibungen ist das vorläufige Bodenmanagementkonzept (z. B. Maschinenlisten, Lastverteilungsplatten) zu berücksichtigen.
■ Vergabe der Bauleistungen	Das Bodenmanagementkonzept wird entsprechend den Anforderungen und Arbeitstechniken des Tiefbaus konkretisiert.
<u>Bauausführung</u>	Der bodenkundliche Baubegleiter begleitet und kontrolliert die bodenschonenden Maßnahmen während der Bauausführung und nimmt die Dokumentation vor Ort vor.
<u>Abschluss</u>	Der bodenkundliche Baubegleiter führt Beweissicherung durch, schlägt eventuell Rekultivierungsmaßnahmen vor und begleitet sie. Erstellung einer Dokumentation.

7.3 Bodenschonende Maßnahmen auf der Baustelle

Zur Vermeidung von Bodenschäden (siehe Abschn. 7.3) und Förderung eines schonenden Umgangs mit Boden auf Baustellen werden in den folgenden Abschnitten die erforderlichen Maßnahmen zu den einzelnen Bautätigkeiten beschrieben.

7.3.1 Baustraßen und Baueinrichtungsflächen

Die Einrichtung von Baustraßen (Festlegung in einem Baustelleneinrichtungsplan) verhindert, dass Baustellenflächen unkontrolliert befahren werden und es zur einer ‚Flächenzerfahrung' mit Bodenverdichtung kommt. Dies kann sowohl bei Großbaustellen als auch beim Bau eines Einfamilienhauses auftreten.

Auf nicht geschützten Baueinrichtungsflächen kann es durch die Lagerung von Baumaterialien bzw. Betankung von Baufahrzeugen zu Verunreinigungen des Bodens kommen.

Werden hingegen Baustraßen und Baueinrichtungsflächen ausgewiesen, kommt es während der gesamten Baumaßnahme nur in diesen Bereichen zu einem hohen Verkehrsaufkommen und einer Bodenbeanspruchung bzw. Verunreinigungen.

Folgende Maßnahmen sind erforderlich:

- Auslegung der Baustraßen mit Lastverteilungsplatten (Baggermatratzen aus Holz, Stahlbleche oder Fahrplatten aus Kunststoff) bzw. mineralische Schüttungen auf Geotextil
- Benutzung öffentlicher Wege, sofern möglich
- Ausreichende Dimensionierung der Baustraßen, damit alle logistischen Bewegungen des Bauvorhabens darauf stattfinden können
- Installation der Baueinrichtungsflächen vorrangig auf bereits versiegelten Flächen; unversiegelte Flächen (Acker, Grünland) sind mit Lastverteilungsplatten auszustatten.

- Die Flächeninanspruchnahme wird durch Konzentration der Befahrung auf ausgewiesene Baustraßen eingeschränkt.
- Schadverdichtung und Gefügeschädigungen werden reduziert.
- Kontamination des Bodens wird vorgebeugt.

7.3.2   Baufahrzeuge

Die ‚richtige' Auswahl von Baumaschinen stellt eine kostengünstige Maßnahme im schonenden Umgang mit Boden dar.
Bei der Auswahl von Baumaschinen ist Folgendes zu berücksichtigen:

- Generell sind Maschinen mit geringeren Kontaktflächendrücken zu präferieren:
  - Raupenfahrzeuge sind gegenüber Radfahrzeugen zu bevorzugen.
  - Raupenlaufwerke sollten eine Mindestbreite von 750 mm haben.
- Alle Fahrzeugeinsätze sollten logistisch und technisch so geplant sein, dass Spannungseinträge und Häufigkeiten minimiert werden.
- Schwerlasttransporte sollten bei trockenem Wetter und auf Lastverteilungsplatten durchgeführt werden.
- Radfahrzeuge sollten bereits bei nur feuchtem Boden auf Lastverteilungsplatten bzw. mineralischen Schüttungen mit Geotextil fahren.
- Für den Aushub bzw. Wiedereinbau des Bodens ist die Verwendung von Langarmbaggern zu empfehlen, da diese eine größere Reichweite besitzen und so beispielsweise das Befahren von frisch verfülltem Bodenmaterial vermieden wird.
- Beim Bodenabtrag sind keine schiebenden Maschinen einzusetzen.
- Vermeidung von rüttelnden Geräten und Walzen beim Wiedereinbau des Bodens.

Bei der jeweiligen Fahrzeugwahl vor Ort ist auch die Witterung und aktuelle Bodenfeuchte zu berücksichtigen. Letztere kann mit Tensiometermessungen oder mithilfe der Bodenfeuchte-Bonitur (Anhang Tab. 8.2) abgeschätzt werden.

Besondere Vorsicht (Befahren/Bearbeiten einschränken) ist bei folgenden Niederschlagsereignissen geboten:

- 10 mm Niederschlag innerhalb von 24 h bzw.
- 20 mm innerhalb von 7 Tagen

Das Wetter spielt auf der Baustelle eine große Rolle:

- Das Befahren sollte bei Starkregen oder Dauerregen *unterbleiben*.
- Das Befahren sollte *unterbleiben*, wenn der Boden nass ist (deutlicher Wasseraustritt beim Quetschen von Bodenmaterial in der Hand, siehe Anhang Tab. 8.2) oder sogar Wasser auf der Fläche steht.
- Raupenfahrzeuge sollten bei sehr feuchtem und nassem Boden nur auf Lastverteilungsplatten bzw. auf mineralischen Schüttungen mit Geotextil fahren.
- Raupenfahrzeuge können bei trockenem Wetter ohne Lastverteilungsplatten eingesetzt werden, wenn der Boden abgetrocknet bzw. nur feucht ist – der Kontaktflächendruck der Maschinen sollte unter Berücksichtigung der aktuellen Bodenfeuchte beurteilt werden.

7.3.3 Bodenaushub und Zwischenlagerung

Wird Boden aus seiner natürlichen Lagerung entnommen und gelagert, kann der Boden weitreichend geschädigt werden und im ungünstigsten Fall für einen Wiedereinbau unbrauchbar sein. Vor allem ist ein sorgsamer Umgang mit Oberboden wichtig, da dieser im Vergleich zum Unterboden die höchsten Humus- und Nährstoffgehalte sowie eine hohe biologische Aktivität aufweist und daher für das Pflanzenwachstum besonders von Bedeutung ist.

Für den Bodenaushub und die Zwischenlagerung sind folgende Maßnahmen zu berücksichtigen:

- Bodenumlagerungen sollten bei trockenen bis feuchten, jedoch nicht bei nassen Bodenbedingungen stattfinden.
- Oberboden ist getrennt von Unterbodenmaterial auszuheben.
- Liegt verschiedenes Unterbodenmaterial vor, so ist dies ebenfalls getrennt auszuheben.
- Abhebende Bodenbewegungen sind schiebenden Bodenbewegungen vorzuziehen.
- Oberboden sowie stark unterschiedliche Unterbodenschichten sind getrennt zu lagern.
- Das Oberbodenhaufwerk sollte eine Schütthöhe von max. 2 m nicht überschreiten.
- Das Unterbodenhaufwerk sollte eine Schütthöhe von max. 4 m nicht überschreiten. Dementsprechend ist ausreichend Platz für die Zwischenlagerung vorzusehen.
- Die Haufwerke sollten ein Mindestgefälle (ca. 5 %, nach BUWAL 2001, S. 24) aufweisen, um einen Abfluss von Niederschlagswasser zu erlauben. In der Praxis hat sich ein größtmögliches Gefälle (ca. 45°) bewährt. Ebenso sollte die Oberfläche gut angedrückt sein, damit Niederschlagswasser rasch abfließen kann.

- Das locker geschüttete Material darf nicht mit Baufahrzeugen befahren werden!
- Zwischen den Haufwerken sollte genügend Abstand gehalten werden, sodass das Bodenmaterial sich nicht vermischt.
- Bei einer Zwischenlagerung des Oberbodenhaufwerks von >2 Monaten sollte insbesondere bei hohen Niederschlägen eine Zwischenbegrünung vorgenommen werden, wenn es sich bis dahin nicht selbst begrünt hat.
- Lagerung in Mulden/Senken vermeiden, da die Gefahr der Staunässe dort erhöht ist.
- Die Lagerfläche für den Bodenaushub sollte mit einem Geotextil ausgelegt werden, damit das abgelagerte Bodenmaterial beim Wiedereinbau rückstandslos vom Untergrund entfernt werden kann.

7.3.4   Wiedereinbau

Bei der Wiederfüllung von ausgehobenen Baugruben, beispielsweise nach einer unterirdischen Verlegung von Energieleitungstrassen, ist der Boden schonend zu behandeln, wenn eine weitere Nutzung als Pflanzenstandort vorgesehen ist (Grünflächen, land- und forstwirtschaftliche Flächen).

> Der Einbau einer intakten Oberbodenschicht ist das A und O zur Entwicklung eines Pflanzenstandortes!

Folgende Maßnahmen sind beim Wiedereinbau von Boden und Verfüllung von Abgrabungen zu berücksichtigen:

- Bodenumlagerungen sollten bei trockenen bis feuchten, nicht bei nassen Bodenbedingungen sowie bei trockenem Wetter stattfinden.
- Bei hohen Grundwasserständen sollte die Wasserhaltung bei Wiedereinbau des Bodens in Betrieb sein.
- Einbringung des Bodens muss schichtenkonform und unter Vermeidung von Vermischungen stattfinden. Zur Bemessung der Einfüllhöhen kann der benachbarte Anschnitt dienen.
- Statt Grabenwalzen und Vibrationsverdichtung sollte der eingebaute Boden nur durch Andrücken mit der Baggerschaufel verfestigt werden.

- Es sollte keine übermäßige Glättung vorgenommen werden.
- Das Oberbodenmaterial ist komplett wieder einzubauen. Dazu sollte vor der Verfüllung des Oberbodens die zur Verfügung stehende Einfüllhöhe überprüft werden. Eine leichte Überhöhung ist erlaubt, um einer natürlichen Setzung entgegenzuwirken.
- Befahrungen des Bodens nach dem Einbau sollte nur bei abgetrockneten Bodenverhältnissen mit Raupenfahrzeugen und mit geringstmöglichem Einsatzgewicht vorgenommen werden.
- Bodenüberschüsse, die sich gegebenenfalls durch eingebautes Fremdmaterial ergeben, müssen gemäß LAGA-Zuordnung verwertet werden.

7.3.5　Abschluss der Baumaßnahme

Nach Beendigung der Baumaßnahmen überprüft der bodenkundliche Baubegleiter den Boden im Sinne einer Beweissicherung.

Da die Bodenstruktur durch die Baumaßnahme in ihrer Stabilität geschwächt wird, macht der bodenkundliche Baubegleiter Vorschläge hinsichtlich der Nachnutzung, um die Neubildung einer natürlichen Bodenstruktur durch ein intensives und tiefreichendes Wurzelwerk zu fördern.

Sollten erhebliche Schäden eingetreten sein, sind Meliorationsmaßnahmen vorzunehmen, die der bodenkundliche Baubegleiter vorschlägt und überwacht.

7.4　Ausblick auf den baubegleitenden Bodenschutz – für Architekten und Bauingenieure

Die BBB wird zukünftig auf Baustellen vermehrt eingesetzt werden. Grund dafür sind zum einen behördliche Vorgaben zum Bodenschutz, zum anderen das Ziel von Bauvorhaben, Baustellen zu optimieren, um kostenintensive und langfristige Maßnahmen zur Beseitigung von Bodenschäden zu vermeiden.

Den Architekten und Bauingenieuren kommen dabei drei wichtige Aufgaben zu:

- Erkennen, wann ein baubegleitender Bodenschutz für ein Bauvorhaben erforderlich ist
- Frühestmögliche Integration einer bodenkundlichen Baubegleitung in die Planung von Bauvorhaben
- Unterstützung der bodenkundlichen Baubegleitung bei der Umsetzung der bodenschonenden Maßnahmen während der Bauausführung

Dieses Werk richtet sich an Architekten und Bauingenieure sowie an den Bauherrn als Entscheidungsträger. Es werden Grundlagen und Inhalte sowie Erfordernis und Nutzen einer bodenkundlichen Baubegleitung beschrieben. Zum Verständnis werden die dafür relevanten Bodeneigenschaften vermittelt und praktische Anleitungen für die Baustelle gegeben.

7.5   Weitere Informationen über baubegleitenden Bodenschutz

- **Leitfaden des Landesamt für Landwirtschaft, Umwelt und ländliche Räume Schleswig Holstein (LLUR):**
  https://www.umweltdaten.landsh.de/nuis/upool/gesamt/geologie/leitfaden_bodenschutz.pdf
- **Leitfaden des Landesamt für Bergbau, Energie und Geologie Niedersachsen (LBEG):**
  http://www.lbeg.niedersachsen.de/download/92500/GeoBericht_28.pdf
- **Internetseite des Landesamt für Natur, Umwelt und Verbraucherschutz (LANUV):**
  http://www.lanuv.nrw.de/umwelt/bodenschutz-und-altlasten/bodenschutz-beim-bauen/
- **Leitfaden des Bundesamt für Umwelt, Wald und Landschaft der Schweiz (BUWAL):**   http://www.gl.ch/documents/Leitfaden_Umwelt_Bodenschutz_beim_Bauen.pdf
- Bundesverband Boden (BVB) Merkblatt Band 2: **Bodenkundliche Baubegleitung BBB** – Leitfaden für die Praxis (2013)
- **DIN-Norm** zum baubegleitenden Bodenschutz in Vorbereitung (Fertigstellung voraussichtlich 2016)

Anhang 8

8.1 Dos und Don'ts auf der Baustelle

Als To-do-Liste für die Bauausführenden als Aushang auf der Baustelle sind die aufgeführten Dos und Don'ts zu verstehen, in denen plakativ sowohl bodenschonende als auch negative, zu vermeidende Vorgehensweisen aufgelistet sind (Tab. 8.1).

8.2 Bodenfeuchte-Bonitur

Der Feuchtegehalt des Bodens hat erheblichen Einfluss auf die Verdichtungsempfindlichkeit des Bodens. Mit Tab. 8.2 kann der bodenkundliche Baubegleiter die Bodenfeuchte vor Ort rasch einschätzen, um die Bodenbearbeitung der Witterung anzupassen. Der bodenkundliche Baubegleiter schlägt u. U. auch das kurzzeitige Einstellen der Bodenarbeiten vor, um gravierende Bodenschäden zu vermeiden.

8.3 Fingerprobe

Anhand der sogenannten „Fingerprobe" bestimmt der bodenkundliche Baubegleiter die Bodenart und leitet daraus die mechanischen Eigenschaften ab. Zur Nachvollziehbarkeit einer ‚Fingerprobe' wird in Tab. 8.3 die Ermittlung der Hauptbodenarten beschrieben.

© Springer Fachmedien Wiesbaden 2016
U. Meyer, A. Wienigk, *Baubegleitender Bodenschutz auf Baustellen,* essentials,
DOI 10.1007/978-3-658-13290-3_8

Tab. 8.1 Dos und Don'ts auf der Baustelle

<table>
<tr><td rowspan="1" valign="middle">Dos</td><td>

Bodenschonende Vorgehensweisen:

- ✓ Raupenfahrzeuge einsetzen
- ✓ Geräte mit geringen Kontaktflächendrücken bevorzugen
- ✓ Aktuellen Bodenfeuchtezustand (nicht nass!) berücksichtigen
- ✓ Baustraßen mit Lastverteilungsplatten oder Schüttungen auslegen
- ✓ Baustraßen ausreichend dimensionieren (Wendeplätze…)
- ✓ Baueinrichtungsflächen auf bereits versiegelten Flächen anlegen
- ✓ Schwerlasttransporte <u>nur</u> bei abgetrockneten Bodenverhältnissen
- ✓ Ober- und Unterboden <u>getrennt</u> abtragen und zwischenlagern
- ✓ Geotextil unter Haufwerke legen
- ✓ Boden beim Wiedereinbau <u>nur</u> mit der Baggerschaufel andrücken
- ✓ Boden durch den Anbau von tiefwurzelnden Pflanzen strukturieren

</td></tr>
<tr><td valign="middle">Don'ts</td><td>

Vorgehensweisen zur Verminderung von schädlichen Bodenveränderungen:

- ✗ Bei Stark- (10 mm/Tag) und Dauerregen (20 mm/7 Tage) <u>keine</u> Befahrungen
- ✗ Bei nassem Boden sowie Wasser auf der Fläche <u>keine</u> Erdarbeiten
- ✗ Radfahrzeuge bereits bei nur feuchtem Boden auf Lastverteilungsplatten oder Schüttungen einsetzen
- ✗ Oberbodenhaufwerke <u>nicht höher</u> als 2 m
- ✗ Unterbodenhaufwerke <u>nicht höher</u> als 4 m
- ✗ Haufwerke <u>nicht</u> befahren
- ✗ <u>Keine</u> Vibrationsverdichtungen
- ✗ Insbesondere den Oberboden beim Einbau <u>nicht</u> mit schwerem Gerät und bei nassem Wetter befahren

</td></tr>
</table>

Tab. 8.2 Bonitur des Bodenfeuchtezustands nach Bodenmerkmalen und Handlungsempfehlungen (in Anlehnung an KA 5 2005 und AfU Luzern 2003)

Bodenfeuchtezustand		Bodenfeuchte mit der Fingerprobe
Nicht bindiger Boden	**Bindiger Boden**	
Nasser Boden		
■ < 3-6 cbar ■ Deutlicher Wasseraustritt bei Zusammenquetschen des Bodens in der Hand oder ■ Wasser steht auf der Fläche	■ < 6 cbar ■ Quillt beim Pressen in der Faust zwischen den Fingern durch ■ Breiig	
→ keine Befahrungen, keine Erdarbeiten		
Sehr feuchter Boden		
■ < 6-12 cbar ■ Leichter Wasseraustritt bei Zusammenquetschen des Bodens mit der Hand ■ Finger werden deutlich feucht	■ < 12 cbar ■ Optimal knetbar ■ Leicht eindrückbar ■ Finger werden nur leicht feucht	
→ Befahrungen und Erdarbeiten nur mit Lastverteilungsplatten		
Feuchter bis trockener Boden		
■ > 6-12 cbar ■ Finger werden gar nicht, oder nur etwas feucht ■ kein Wasseraustritt bei Zusammenquetschen des Bodens mit der Hand oder Boden ist staubig ■ Bodenfarbe wird mit der Trockenheit immer heller und dunkelt bei Wasserzugabe stärker nach	■ > 12 cbar ■ Schwer knetbar und bröckelnd bis brechend ■ Bodenfarbe wird mit der Trockenheit immer heller und dunkelt bei Wasserzugabe stärker nach	
→ Kettenfahrzeuge können ohne Lastverteilungsplatten bzw. Schüttungen fahren		

Tab. 8.3 Erkennungsmerkmale der Haupt-Bodenarten anhand der Fingerprobe (in Anlehnung an KA 5 2005)

Hauptbodenart	Erkennungsmerkmale
Sand	Lässt sich nicht ausrollen, Sandkörner deutlich sicht- und fühlbar, wenig Feinsubstanz
Lehm	Knet- und formbar von walnussgroße Kugel bis auf halbe Bleistiftdicke, Sandkörner sicht- und fühlbar, schwach bis deutlich glänzende Reibfläche
Schluff	Nicht formbar, samtig-mehlige Konsistenz, die in den Fingerrillen hängen bleibt, matte und aufschuppernde Reibfläche
Ton	Leicht knet- und bis mm-dünn ausrollbar, zäh bis stark plastische Konsistenz, glänzende Reibfläche, Sand nur durch Knirschen zwischen den Zähnen erkennbar

Was Sie aus diesem Essential mitnehmen können

- Kenntnis über wichtige Bodeneigenschaften
- Einführung über Bodenkundlicher Baubegleitung
- Einblick in die Folgeschäden unsachgemäßer Bodenbeanspruchung und Boden-lagerung
- Vorgehensweisen zur Vermeidung von Bodenschäden auf der Baustelle

© Springer Fachmedien Wiesbaden 2016
U. Meyer, A. Wienigk, *Baubegleitender Bodenschutz auf Baustellen,* essentials,
DOI 10.1007/978-3-658- 13290-3

Literatur

Ad-hoc-AG der Bundesanstalt für Geowissenschaften und Rohstoffe in Zusammenarbeit mit den Staatlichen Geologischen Diensten (2005) Bodenkundliche Kartieranleitung (5. Aufl). Schweizerbart'sche Vertragsbuchhandlung, Stuttgart

AfU Luzern (2003) Nomogramm. https://uwe.lu.ch/-/media/UWE/Dokumente/Themen/Bodenschutz/bodenfeuchte/boden_nomogramm.pdf?la=de-CH

Blume H-P, Brümmer G, Schwertmann U, Horn R, Kögel-Knabner I, Stahr K, Auerswald K, Beyer L, Hartmann A, Litz N, Scheinost A, Stanjek H, Welp G, Wilke B-M (2002) Scheffer/Schachtschabel. Lehrbuch der Bodenkunde (15. Aufl). Spektrum Akademischer Verlag, Heidelberg

Bundesamt für Umwelt, Wald und Landwirtschaft (BUWAL), Schweiz (2001) Bodenschutz beim Bauen. http://www.gl.ch/documents/Leitfaden_Umwelt_Bodenschutz_beim_Bauen.pdf

GDfB (2011) Sulfatsaure Böden im Land Bremen. Aus Boden kann Abfall werden. http://ssl.bremen.de/bauumwelt/sixcms/media.php/13/HB_sulfatsaure_B%F6den_Bericht.pdf

Landesamt für Bergbau, Energie und Geologie (2014) Bodenschutz beim Bauen. Ein Leitfaden für den behördlichen Vollzug in Niedersachsen. http://www.lbeg.niedersachsen.de/download/92500/GeoBericht_28.pdf

Landesamt für Landwirtschaft, Umwelt und ländliche Räume Schleswig Holstein (2014). Leitfaden Bodenschutz auf Linienbaustellen. https://www.umweltdaten.landsh.de/nuis/upool/gesamt/geologie/leitfaden_bodenschutz.pdf

© Springer Fachmedien Wiesbaden 2016
U. Meyer, A. Wienigk, *Baubegleitender Bodenschutz auf Baustellen,* essentials,
DOI 10.1007/978-3-658- 13290-3